中華教育

基本法 小小通識讀本 2

鍾煜華／編著

序

基本法基金會總編輯　尹國華大律師

孩子是社會未來的棟樑，我們應該盡心盡責的培養。所謂十年樹木百年樹人，這是一個不能輕視的重擔。為了復興民族的宏圖，除了一般基礎知識外，社會大眾也必須教育孩子們正確的歷史觀與價值觀。而且，有目共睹的是香港過往的成功，除了中國人刻苦拚搏、堅毅靈活的特質外，更重要的就是擁有優良的法律制度與傳統；所以，向孩子灌輸正確的法制和法治概念，是教育他們的一個重要環節。

基本法是香港特區一切法律的淵源，要充分理解香港的法律制度與法治精神，不能脫離對基本法正確的認識。

然而要學習枯燥嚴肅的基本法並不是一件容易的事情，尤其是牽涉的絕大部分司法覆核案例也是艱深晦澀，法理概念極不容易掌握。可是本書卻能以輕鬆的手法，靈活而又生動的例子，而且還是以問答互動的形式，闡述法條的本質，對孩子能正確掌握基本法的立法意圖和精神，可說事半功倍。在坊間不多的同類書籍中，本書是甚為值得參考的兒童教育工具。

2020 年 11 月 16 日

目錄

第5章

香港特別行政區的政治制度（下）

基本法 Q&A

1. 香港的司法機關是甚麼？

香港特別行政區的各級法院是行使審判權的司法機關。

請判斷以下的說法是否正確：

（1）香港特別行政區法院的法官，是由中央人民政府直接任命的。

（2）小明被警察依法拘捕了，在法院沒有判定他罪行之前，他是無罪的。

（3）阿華收到通知，要他擔任陪審員，但那天他和朋友要出去玩，所以他覺得不去法庭也沒有關係。

（4）無論是香港特別行政區的刑事還是民事訴訟，當事人都能保有依法享有的權利。

法律知識一起學

香港特別行政區的司法機關

在基本法中，從層級和門類來看，香港的法院分為終審法院、高等法院（其中有上訴法庭和原訟法庭）、區域法院、裁判署法庭和其他專門法庭。根據基本法 81 條至 86 條，香港特別行政區各級法院的組織和職權都是依法規定的，並且依照香港法律獨立審判案件，不受任何干涉，司法人員履行審判職責也不受法律追究。至於回歸之前香港存在的司法體制，只要不與基本法和香港特別行政區的實際情況衝突，都被保留了下來。

小朋友們也可以進入中華人民共和國香港特別行政區司法機構的官網獲取更多資訊。

https://www.judiciary.hk/zh/home/index.html

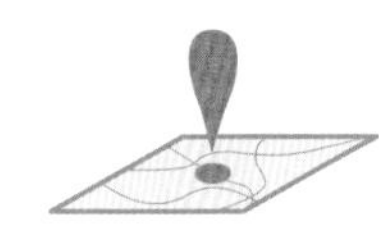

基本法實地看：香港特別行政區高等法院

香港特別行政區高等法院的前身，是回歸前的香港最高法院。它的設立依據，自然是《中華人民共和國香港特別行政區基本法》。現在的高等法院位於香港島金鐘金鐘道 38 號，從那裏走不太遠，就是金鐘道政府合署。

基本法 Q&A

2. 小明居住在香港的外籍朋友可以報考香港公務員嗎？

基本法第 99 條規定，特區政府的主要官員必須由在香港通常居住連續滿 15 年，在外國並無居留權的香港特別行政區永久性居民中的中國公民擔任。但符合基本法第 101 條對外籍人員另有規定，或者一定職級以下的公務人員不受此限。

思考小問題

集體討論：在生活中，無論是辦理證件手續、申請資格、尋求政府服務與幫助，都會接觸到政府的公務人員。請談談你和公務員有甚麼接觸？如果家人是公務員，他們平時都做些甚麼工作？有哪些權利與義務？

法律知識一起學

香港的公務員

香港公務員為特區政府各部門以及其他行政單位服務，公務員事務局負責整體公務員隊伍的管理和發展。截至 2020 年 3 月 31 日，香港特別行政區的公務員約有近十八萬人，其中佔公務員羣體比例最大且公務員人數超過萬人的三個政府部門分別為香港警務處、消防處和食物環境衛生署。[1]

香港的公務員的招聘、僱傭、考核、管理，有一套成熟完整的制度，公務員有許多培訓和發展的機會，同時也享有不少福利。公務員聘任遵從公開及公平競爭的原則，希望達到「用人唯才」的目標。有志於在政府工作，服務香港特別行政區的同學們，日後可以從官方網站獲取更多的信息，投考政府公務員。

1　見公務員事務局數據：https://www.csb.gov.hk/tc_chi/stat/annually/548.html

基本法 Q&A

3. 阿偉在投票日依法前往投票站投票。這體現了基本法的哪條規定？

基本法第 26 條規定，香港特別行政區永久居民依法享有選舉權和被選舉權。

法律知識一起學

選民登記

《中華人民共和國香港特別行政區基本法》規定香港居民享有選舉權和被選舉權。

成為選民是公民的一項權利，也是公民們推選代表，為社會的繁榮發展盡的一份力。同學們達到相關年齡以後，也可以積極參與其中。

思考小問題

判斷以下說法是否正確：

（1）任何香港永久居民，一過十八歲生日就自動成為選民，可以直接去投票。

（2）參與選舉是一項公民權利，我們需要特別珍惜。

（3）小王住在觀塘，由於他支持的候選人在香港島某區出選，所以他決定去港島投票。

（4）陳同學在大學攻讀會計學，因此她覺得自己可以成為會計界功能界別的投票人。

（5）選民在投票時，選擇投給誰都是個人的自由，受到法律保護。

思考小問題答案

P.5

請判斷以下的說法是否正確：

（1）香港特別行政區法院的法官，是由中央人民政府直接任命的。

（2）小明被警察依法拘捕了，在法院沒有判定他罪行之前，假定上他是無罪的。

（3）阿華收到通知，要他出席法庭擔任陪審員，但那天他和朋友要出去玩，所以他覺得不去法庭也沒有關係。

（4）無論是香港特別行政區的刑事還是民事訴訟，當事人都能保有依法享有的權利。

答案：

（1）錯誤。基本法第 88 條規定，香港法官和法律界及其他方面知名人士組成的獨立委員會負責推薦法院法官的人選，由行政長官任命。

（2）正確。基本法第 87 條規定，任何人在被合法拘捕後，未經司法機關判罪之前均假定無罪。

（3）錯誤。陪審員出席法庭是一項義務，除非有特殊豁免的情況，否則可能會受到處罰。

（4）正確。基本法第 87 條規定，香港特別行政區的刑事訴訟和民事訴訟中保留原在香港適用的原則和當事人享有的權利。

P.7

集體討論：在生活中，無論是辦理證件手續、申請資格、尋求政府服務與幫助，都會接觸到政府的公務人員。請談談你和公務員有甚麼接觸？如果家人是公務員，他們平時都做些甚麼工作？有哪些權利與義務？

答案：

集體討論，不設標準答案。

P.10

判斷以下說法是否正確：

（1）任何香港永久居民，一過十八歲生日就自動成為選民，可以直接去投票。

（2）參與選舉是一項公民權利，我們需要特別珍惜。

（3）小王住在觀塘，由於他支持的候選人在香港島某區出選，所以他決定去港島投票。

（4）陳同學在大學攻讀會計學，因此她覺得自己可以成為會計界功能界別的投票人。

（5）選民在投票時，選擇投給誰都是個人的自由，受到法律保護。

答案：

（1）錯誤。成為選民還需進行登記。

（2）正確。

（3）錯誤。選民只能在登記所在的區域進行投票。

（4）錯誤。功能界別的投票人資格需要符合一定的規定。

（5）正確。

第6章

經濟

基本法 Q&A

1. 中央人民政府可以在香港特別行政區徵稅嗎？

基本法第五章第 106 至第 108 條規定：香港特別行政區保持財政獨立，實行獨立的稅收制度，在參照原有低稅政策的同時，政府可以自行立法規定稅種、稅率、稅收寬免和其他稅務事項，收到的各類稅款作為財政收入，都會用於香港特別行政區的本地需要，中央人民政府不會在香港徵稅。

思考小問題

（1）選出以下有關香港稅收的內容中正確的一項

A. 為了得到足夠的稅收收入，特區政府實行的是高稅率政策。

B. 香港的稅收收入需要上繳中央人民政府。

C. 繳稅人如需要繳交薪俸稅、利得稅或物業稅，會在相應時段收到報稅表。

（2）選取以下有關繳稅的說法中正確的一項

A. 張小姐租了一間房子，她要為這間房子繳納差餉和物業稅。

B. 李先生在某公司工作，今年薪水收入三十萬港元，他需要繳納薪俸稅。

C. 陳小姐買了一間房子，付清房款後，她就不用繳納任何稅款了。

D. 小林的爸爸租下銅鑼灣的鋪面開了一間餐廳，因此他需要繳納的是物業稅。

法律知識一起學

香港的稅收

繳稅是公民的一項義務，關係到政府和社會是否能正常運轉，繁榮發展。香港稅收的稅種有很多種，那麼和我們的家庭成員，以及日常生活息息相關的稅種有哪些呢？

一般普羅市民接觸最多的，應該是直接稅，其中包括薪俸稅、利得稅和物業稅。即是說，同學們的爸爸媽媽如果在香港工作領取薪水，到一定額度就要繳納薪俸稅；如果他們在香港開辦企業，從事店鋪經營等業務活動，取得的利潤就要繳納利得稅；如果擁有出租的物業，獲得的租金利潤就要繳納物業稅。

在間接稅中，普通市民經常接觸到的門類很多，與地產物業的持有買賣相關的當屬差餉以及印花稅。另外，在日常生活中，車輛首次登記稅，包含在機票價格內的飛機乘客離境稅，博彩及彩票稅等，也都是間接稅。

基本法 Q&A

2. 回歸之後，香港還能繼續保留國際金融中心、自由港和貿易中心的地位嗎？

可以。基本法有相應條款保護香港的國際金融中心、自由港和貿易中心的地位，維護香港的繁榮與穩定，以及內地與海外各國之間經濟貿易的橋樑作用。

思考小問題

判斷以下說法是否正確：

（1）自由港指的就是不管甚麼貨物都可以儲放，或是不論甚麼生意都可以做的港口。

（2）香港特別行政區參加各類國際組織和國際貿易協定時，可以採用「中國香港」的名義。

（3）香港特別行政區可以自行制定貨幣金融政策。

（4）香港特別行政區的法定貨幣是港幣，外匯可以在香港自由兌換。

法律知識一起學

香港的國際金融中心與自由港地位

香港擁有健全的法律制度、簡單的低稅制、有效透明且符合國際標準的金融市場監管等眾多優勢，因此它受到國際上金融服務和金融機構的青睞，是國際金融中心之一，香港的勞動力當中，有相當比例的人員從事金融行業。

香港回歸之後，為了繼續保有其國際金融中心和自由港的地位，使其發揮聯通內地與海外、促進中國對外開放、繁榮發展的作用，基本法做出了相關的規定。

基本法第五章第 109 條規定特區政府須提供保持香港國際金融中心地位的經濟法律環境。它主要體現在香港依法自主制定貨幣金融制度政策，保障金融企業和市場經營自由；開放外匯、黃金、證券、期貨市場，實現資本自由流動進出；實行自由貿易政策等方面。

自由港（Free Economic Zone）指的是出於貿易需要，可以自由地進行貨物起卸、搬運、轉口和加工、長期儲存的港口，不需徵收關稅。基本法第五章第 114 條和第 116 條規定香港特別行政區保持自由港地位，並且具有單獨的關稅地區地位。

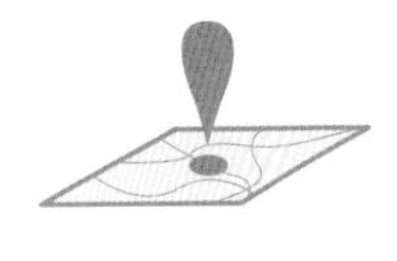

基本法實地看：葵涌－青衣貨櫃碼頭

葵涌－青衣貨櫃碼頭又叫葵青貨櫃碼頭，它位於新界葵青區藍巴勒海峽，至今處於全球最大的貨櫃港前十之列，是今天香港自由港地位的一個體現。

香港開埠之初，貨物的吞吐運轉主要在尖沙咀的九龍倉碼頭。但到了二十世紀六七十年代，葵涌碼頭的興起加上尖沙咀一帶被改造為商場、酒店、寫字樓，九龍倉碼頭就退出了歷史舞台。

目前葵青貨櫃碼頭的主要設施包括貨櫃碼頭、內河貨運碼頭、中流作業區及公眾貨物裝卸區。支援設施包括船塢、避風塘等。2019 年，香港港口處理了 1,830 萬個標準貨櫃，其中葵涌－青衣貨櫃碼頭處理了 1,420 萬個標準貨櫃，佔全港總量接近 80%。[1] 今天我們無論是搭乘港鐵東涌線、迪士尼線，還是乘坐機場快線來往於赤鱲角機場和香港市區，都可以在青衣附近看到碼頭的繁忙景象。

1 見香港海運港口局官方網頁：https://www.hkmpb.gov.hk/tc/port.html

3. 香港經濟的四大支柱行業是哪四個？

香港經濟中的四大支柱行業是金融服務、旅遊、貿易物流、專業及工商業支援服務。這四個支柱行業 2019 年總計為香港經濟帶來 15,450 億元的增加價值，它們的總增加價值在 2019 年佔本地生產總值的 56.4%。並提供了近 175 萬人的就業崗位，佔總就業人數的 45.4%。[1]

思考小問題

（1）以下哪幾項不屬於香港傳統的四大支柱產業？

A. 地產業

B. 旅遊業

C. 金融服務

D. 港口運輸

E. 大學教育

1　見香港特別行政區政府政府統計處官方網站：https://www.censtatd.gov.hk/hkstat/sub/sp80_tc.jsp?productCode=FA100099
2021 年 1 月《香港經濟的四個主要行業》

法律知識一起學

關注新興產業

隨着內地以及世界各地的競爭，外部環境的影響、產業結構的調整等因素，香港經濟傳統的四大支柱產業在提供崗位和增長幅度上都有所放緩。因此，為了推動本地產業結構的多元發展，特區政府確定了六項在香港享有明顯優勢且具有進一步發展潛力的產業：文化創意產業、醫療產業、教育產業、環保產業、創新科技活動以及檢測及認證產業。基本法第五章第一節第 118 條和第 119 條，提出政府應當鼓勵投資技術進步，開發新興產業，促進香港產業多元化協調發展。

（2）請選擇屬於香港「六大優勢產業」的業務：

A. 補習學校

B. 長者與殘疾人士醫療護理服務

C. 網絡與新媒體傳播

D. 金融投資諮詢

E. 股票證券買賣

F. 污水處理及環境保護

G. 圖書館、博物館文化教育與服務

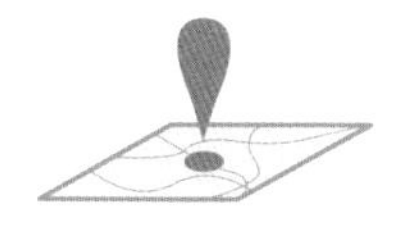

基本法實地看：數碼港與科學園

數碼港（Cyberport）位於香港島南區薄扶林鋼綫灣，它於 2004 年啟用，由香港特別行政區政府全資擁有的香港數碼港管理有限公司管理，目前已經有一千五百餘家數碼科技公司入駐。數碼港的目標是扶助初創企業，培育青年與創業者，推動數碼科技發展，為香港締造嶄新的經濟動力，同時它還提供了科技企業協作投資平台，加快企業及中小企應用數碼科技。為了推動香港的城市智能化，數碼港集中發展四方面的數碼科技：金融科技、電子商貿、物聯網 / 可穿戴科技設備、大數據 / 人工智能。[1]

香港科學園（HKSP/ HKSTP）鄰近香港中文大學，位於新界大埔區白石角吐露港沿岸，是一個高科技及應用科技的研究基地，於 2001 年啟用。

1　見香港數碼港管理有限公司官方網站：https://www.cyberport.hk/en/

思考小問題答案

P.14

（1）選出以下有關香港稅收的內容中正確的一項

A. 為了得到足夠的稅收收入，特區政府實行的是高稅率政策。

B. 香港的稅收收入需要上繳中央人民政府。

C. 繳稅人如需要繳交薪俸稅、利得稅或物業稅，會在相應時段收到報稅表。

（2）選取以下有關繳稅的說法中正確的一項

A. 張小姐租了一間房子，她要為這間房子繳納差餉和物業稅。

B. 李先生在某公司工作，今年薪水收入三十萬港元，他需要繳納薪俸稅。

C. 陳小姐買了一間房子，付清房款後，她就不用繳納任何稅款了。

D. 小林的爸爸租下銅鑼灣的鋪面開了一間餐廳，因此他需要繳納的是物業稅

答案：

（1）C. 繳稅人如需要繳交薪俸稅、利得稅或物業稅，會在相應時段收到報稅表。

（2）B. 李先生在某公司工作，今年薪水收入三十萬港元，他需要繳納薪俸稅。

P.16

判斷以下說法是否正確：

（1）自由港指的就是不管甚麼貨物都可以儲放，或是不論甚麼生意都可以做的港口。

（2）香港特別行政區參加各類國際組織和國際貿易協定時，可以採用「中國香港」的名義。

（3）香港特別行政區可以自行制定貨幣金融政策。

（4）香港特別行政區的法定貨幣是港幣，外匯可以在香港自由兌換。

答案：

（1）錯誤

（2）正確

（3）正確

（4）正確

P.19-20

（1）以下哪幾項不屬於香港傳統的四大支柱產業？

（2）請選擇屬於香港「六大優勢產業」的業務：

答案：

（1）A. 地產業　E. 大學教育

（2）A. 補習學校

B. 長者與殘疾人士醫療護理服務

C. 網絡與新媒體傳播

F. 污水處理及環境保護

G. 圖書館、博物館文化教育與服務

第7章

科教文與社會

1. 香港的中小學生可以自由選擇就讀學校的類型嗎？高中畢業生可以自由選擇喜愛的大學和專業課程嗎？

以上都可以。香港的學校教育非常多元，學生接受教育的權利，求學自由和學術自由等權利都得到基本法的保障。

思考小問題

判斷以下是否是正確的表述或者行為：

（1）香港所有的小學，都是免費提供教育的。

（2）小鄭在一間基督教學校唸書，課程表中有閱讀《聖經》的課程，這並不違反法律。

（3）王教授在某大學教授西方文學的課程，他覺得過去使用的書籍版本比較陳舊，就和學系同事商量後，改換了新的教材。

（4）李同學根據文憑試成績，可以入讀香港中文大學，但她覺得自己對美國某大學的另一個專業更感興趣，便選擇出國深造。

法律知識一起學

香港的教育制度

香港的小學主要有以下幾類：提供免費教育的官立學校和資助小學（這類小學所佔的比例最大），收取學費的直資學校、私立學校，以及學制和文憑課程都與香港本地學校不同，而是與外國接軌的國際學校。香港的小學呈現出這麼多的種類，主要因為香港本身是個多元的國際化都市，更重要的是在基本法頒佈後也受到基本法條款的保障。

基本法第六章第 136 條規定，香港特別行政區政府在原有教育制度的基礎上，自行制定有關教育的發展和改進的政策，社會團體和私人也可以根據法律，在香港特別行政區興辦各種教育事業。

我們知道，在香港有很多宗教團體開辦的學校。此外，各個大學選擇的教材和課程都各有不同。基本法第 137 條提到，香港特別行政區的各類院校保留自主權並享有學術自由，宗教組織所辦的學校可繼續提供宗教教育。此外，學生還享有選擇院校和在香港特別行政區以外求學的自由，因此，學生想要在甚麼學校，在哪裏的學校就讀，就有了非常高的自由度。

2. 在香港看病，基本法也有相關的規定嗎？

有。基本法第六章第 138 條提到：香港特別行政區政府自行制定發展中西醫藥和促進醫療衛生服務的政策。社會團體和私人可依法提供各種醫療衛生服務。於是在香港，就出現了公立和私立兩種醫療服務。

思考小問題

（1）選出以下不在香港公立醫療範圍內的一種醫療機構：

A. 日間醫院

B. 私家醫生

C. 長者健康中心

D. 皮膚科診所

（2）趙先生覺得胃痛，請問以下哪一項不是正確的求診方式？

A. 去醫院掛號看病

B. 去私家醫生處診治

C. 去看腸胃科相關的診所

D. 去旅遊健康中心諮詢

法律知識一起學

在香港如何看病？

香港的私營醫療分為私家醫院和隸屬於基層醫療的私家中西醫生兩種。公立醫療體系在食物及衞生局的管理下。衞生署負責管理公共衞生機構，醫院管理局（醫管局）則管理公立醫院和各類科系的診所。香港市民通過全香港七個聯網中的醫院、日間醫院、專科／普通科門診診所、中醫服務和社區服務，獲得在醫管局管理下的治療與康復服務。[1]

1　香港醫療體制簡介，見：https://www.gov.hk/sc/residents/health/hosp/overview.htm

基本法 Q&A

3. 為甚麼香港有這麼多的假期？

香港的假期有很多種類。其一是法律規定僱員享受的休息日，即法定假期。法定假期中，既包括香港特別行政區成立紀念日、國慶節等紀念日，也有華人傳統的春節、清明節、端午節、重陽節等節日，還有佛誕、聖誕節等宗教節日。除法定假期外，香港的一些機構、學校、公司，也會在復活節、佛誕、古爾邦節等不同宗教、族裔的節日放假。香港眾多的假日，是一個居民族裔、文化、宗教、語言都非常多元化的國際大都市的體現。

思考小問題

請將以下公眾假期與其設立原因連線：

1. 春節 ·	· A. 基督宗教節日
2. 七月一日 ·	· B. 中國傳統節日
3. 十月一日 ·	· C. 香港特別行政區成立紀念日
4. 復活節 ·	· D. 佛教節日
5. 佛誕 ·	· E. 國慶節
6. 聖誕節 ·	
7. 端午節 ·	

法律知識一起學

香港的宗教事務

因為歷史文化的原因，香港生活着多種信奉不同宗教的族裔，為了維護社會的和諧多元，兼容並包的開放社會氛圍是很有必要的。香港特別行政區對各種宗教信仰的尊重包容，不只體現在節日與節慶活動上。基本法第 141 條提到，香港特區政府不限制宗教信仰自由，不干預宗教組織的內部事務，不限制與香港特別行政區法律沒有抵觸的宗教活動。基本法保障宗教組織在財產方面的原有權益，而且它們可以繼續興辦學校、醫院、福利機構，以及提供社會服務。此外，香港的宗教組織和教徒可與其他地方的宗教組織和教徒繼續保持和發展關係。

基本法 Q&A

4. 香港特別行政區擁有自己的一套社會福利制度，是否就意味着普通市民不需要再參與社會慈善服務了？

基本法保障香港社會服務志願團體可以在不抵觸法律的情況下為社會提供慈善志願服務。普通市民亦可以根據相關法律規定參與社會服務活動，幫助他人，回饋社會。

法律知識一起學

賣旗與社會服務志願團體

賣旗是香港慈善機構籌款的一種模式。早在二十世紀三四十年代，香港保良局就在賣花日售賣局內婦孺製作的紙花籌集善款。到了五十年代，紙旗代替了紙花，於是這個活動便有了現在的名稱。現在香港的慈善機構義工在街頭募捐時，會將小貼紙貼在捐款市民的衣服上，表示對方已經捐款，這種小貼紙也被稱為紙旗。

香港慈善機構的賣旗活動，必須向政府社會福利署申請，獲得許可以後在固定日子舉辦。基本法的第 145、146 條中，提到在原有社會福利制度的基礎上，香港特別行政區政府可以根據實際需要自行制定政策。而從事社會服務的志願團體在不抵觸法律的情況下可自行決定其服務方式。當前香港的慈善賣旗活動相關的規章制度，是符合這兩條法律規定的。

和同學們討論，你參加過社會志願服務嗎？有甚麼樣的體驗？

思考小問題答案

P.25

判斷以下是否是正確的表述或者行為：

（1）香港所有的小學，都是免費提供教育的。

（2）小鄭在一間基督教學校唸書，課程表中有閱讀《聖經》的課程，這是並不違反法律。

（3）王教授在某大學教授西方文學的課程，他覺得過去使用的書籍版本比較陳舊，就和學系同事商量後，改換了新的教材。

（4）李同學根據文憑試成績，可以入讀香港中文大學，但她覺得自己對美國某大學的另一個專業更感興趣，便選擇出國深造。

答案：

（1）錯誤。（2）正確。（3）正確。（4）正確。

P.27

（1）選出以下不在香港公立醫療範圍內的一種醫療機構。

A. 日間醫院　　B. 私家醫生

C. 長者健康中心　　D. 皮膚科診所

（2）趙先生覺得胃痛，請問以下哪一項不是正確的求診方式？

A. 去醫院掛號看病　　B. 去私家醫生處診治

C. 去看腸胃科相關的診所　　D. 去旅遊健康中心諮詢

答案：

（1）B. 私家醫生　　（2）D. 去旅遊健康中心諮詢

思考小問題答案

P.29

請將以下公眾假期與其設立原因連線：

答案：

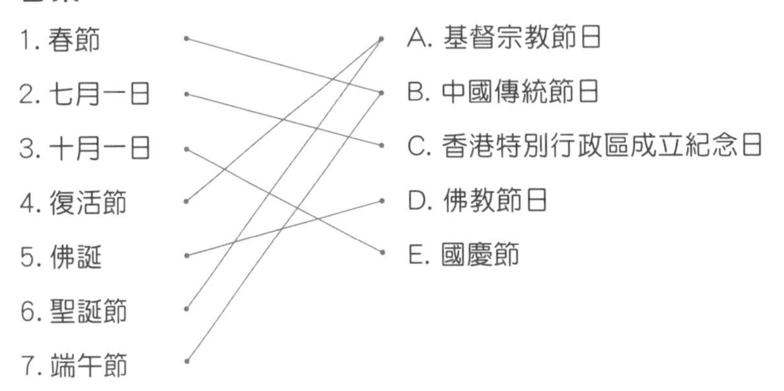

P.32

和同學們討論，你參加過社會志願服務嗎？有甚麼樣的體驗？

答案：

集體討論，不設標準答案。

第8章

其他

基本法 Q&A

1. 香港回歸之後，香港的運動員參加奧運會等國際賽事，是和來自內地的運動員合併在同一支代表隊內比賽嗎？

香港特別行政區的運動員，可以以「中國香港代表隊」的名義參加國際賽事。如果運動員獲得金牌，在頒獎時升香港特別行政區區旗，奏中華人民共和國國歌。

法律知識一起學

香港的體育事業

基本法第151條規定，香港特別行政區可在經濟、貿易、金融、航運、通訊、旅遊、文化、體育等領域以「中國香港」的名義，單獨地同世界各國、各地區及有關國際組織保持和發展關係，簽訂和履行有關協議。這就是為甚麼香港回歸之後，我們在夏季、冬季奧運會，以及其他國際體育賽事上，可以看到中國香港代表隊揮舞着特區區旗參加盛會的場面。

思考小問題

判斷以下說法是否正確：

（1）香港的運動員可以自己報名，代表香港參加國際體育比賽。

（2）奧林匹克運動會上，中國香港代表團曾經獲得過獎牌。

（3）中國香港代表隊的運動員如果在國際體育賽事中獲得金牌，頒獎時升起香港特別行政區區旗以及奏起中華人民共和國國歌。

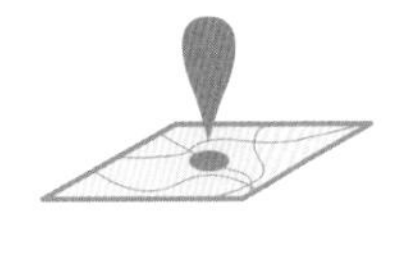

基本法實地看：中國香港體育協會暨奧林匹克委員會

中國香港體育協會暨奧林匹克委員會（Sports Federation & Olympic Committee of Hong Kong, China），簡稱「港協暨奧委會」。它是國際奧委會、亞洲奧林匹克理事會及東亞運動會總會會員，負責組建香港代表團參加世界性及國家級大型運動會。[1] 這個機構的總部設於香港銅鑼灣的奧運大樓，這座大樓原名為體育大樓，後來因為香港協辦 2008 年北京奧運會的馬術比賽而更名。[2]

1　見其官方網站：http://www.hkolympic.org/zh/

2　見奧運大樓管理有限公司官方網站：http://www.olympichouse.org/%e9%97%9c%e6%96%bc%e5%a5%a7%e9%81%8b%e5%a4%a7%e6%a8%93/

基本法Q&A

2. 為甚麼香港只有外國領事館而沒有大使館？

因為每個國家派駐外國的大使只有一位，大使館亦只能設置一座（常位於派駐國家的首都）。而大使以下可以有多名領事，領事館亦可以在派駐國的其他城市設置若干所，負責簽證發放、文書認證、僑民保護和協助事務。因此，在香港的外國外交機構只有總領事館，或者領事館。

法律知識一起學

香港的外交事務

基本法第 157 條規定了香港的外交事務。截至 2020 年 12 月 1 日，根據香港特別行政區政府禮賓處的統計，駐港外國機構包括 63 間總領事館、56 間名譽領事館及 6 間官方認許機構。

由於香港屬於中國的一部分，因此它的對外事務和主權國與主權國之間的外交事務是不一樣的。國與國的外交事務，由中華人民共和國政府按照基本法第二章第 13 條及第七章負責。中華人民共和國外交部在香港設有特派員公署，負責與香港有關的外交事務。

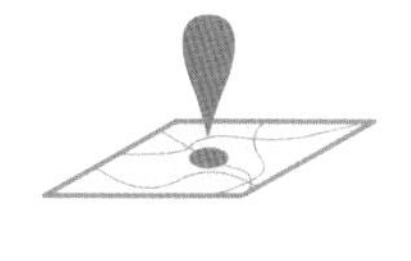

基本法實地看：中華人民共和國外交部駐香港特別行政區特派員公署

中華人民共和國外交部駐香港特別行政區特派員公署（Office of the Commissioner of the Ministry of Foreign Affairs of the People's Republic Of China in the Hong Kong Special Administrative Region），簡稱「外交部駐港特派員公署」，它成立於1997年7月2日，辦公機構位於香港金鐘堅尼地道42號。它是中華人民共和國外交部根據《中華人民共和國香港特別行政區基本法》第13條在香港設立的，負責處理香港與外國政府和國際組織之間的外交事務的外交機構。

思考小問題

和同學們討論，你能說出幾個在香港的外國領事機構嗎？它們位於甚麼地方？

3.「港區國安法」是甚麼？

《中華人民共和國香港特別行政區維護國家安全法》（簡稱「港區國安法」）於 2020 年 6 月 30 日由全國人民代表大會常務委員會通過，並以全國性法律形式納入香港特別行政區基本法附件三中，在香港特別行政區公佈實施。港區國安法的目的是防範、制止和懲治分裂國家、顛覆國家政權、組織實施恐怖活動和勾結外國或境外勢力危害國家安全的犯罪行為，保持香港特別行政區的繁榮和穩定，以及保障特區居民的合法權益。

基本法是全國人大根據《憲法》第 31 條及第 62 條制定的適用於香港的全國性法律，規定香港特別行政區實行的制度，以保障國家對香港的基本方針政策的實施。而港區國安法是全國人大常委會根據全國人大《決定》授權通過的專門為了建立健全特區維護國家安全的法律制度和執行機制的全國性法律，由全國人大常委會列於基本法附件三，並在特區公佈實施。[1]

1　見 2020 年 7 月 15 日香港特別行政區政府公報網站律政司司長鄭若驊資深大律師答覆：https://www.info.gov.hk/gia/general/202007/15/P2020071500533.htm

4. 港區國安法的法律條文反映出甚麼原則？

港區國安法的內容反映出以下原則。

（一）明確規定中央人民政府對有關國家安全事務的根本責任和香港特區維護國家安全的憲制責任；

（二）明確規定香港特區維護國家安全應當遵循的重要法治原則；

（三）明確規定香港特區建立健全維護國家安全的相關機構及其職責；

（四）明確規定四類危害國家安全的罪行和處罰；

（五）明確規定案件管轄、法律適用和程序；及

（六）明確規定中央駐香港特別行政區維護國家安全機構。[1]

1 港區國安法全文與總結內容，詳見：https://www.gld.gov.hk/egazette/pdf/20202444e/cs220202444136.pdf
及香港特別行政區政府新聞公報：https://www.info.gov.hk/gia/general/202006/30/P2020063000961.htm

5. 我們小學生，也需要了解港區國安法嗎？

需要。港區國安法第一章第 6 條提出，維護國家主權、統一和領土完整是包括香港同胞在內的全中國人民的共同義務。第二章第 9 條說明：香港特別行政區應當加強維護國家安全和防範恐怖活動的工作。對學校、社會團體、媒體、網絡等涉及國家安全的事宜，香港特別行政區政府應當採取必要措施，加強宣傳、指導、監督和管理。第二章第 10 條則規定，香港特別行政區應當通過學校、社會團體、媒體、網絡等開展國家安全教育，提高香港特別行政區居民的國家安全意識和守法意識。

思考小問題答案

P.37

判斷以下說法是否正確：

（1）香港的運動員可以自己報名，代表香港參加國際性體育比賽。

（2）奧林匹克運動會上，中國香港代表團曾經獲得過獎牌。

（3）中國香港代表隊的運動員如果在國際性體育賽事中獲得金牌，頒獎時升起香港特別行政區區旗以及奏起中華人民共和國國歌。

答案：

（1）錯誤（2）正確（3）正確

P.41

和同學們討論，你能說出幾個在香港的外國領事機構嗎？它們位於甚麼地方？

答案：

集體討論，不設標準答案。

責任編輯：楊歌
封面設計：雨林
裝幀設計：雨林 龐雅美
排版：龐雅美 鄧佩儀
印務：劉漢舉

基本法 小小通識讀本 2

鍾煜華 編著

出版
中華教育
香港北角英皇道 499 號北角工業大廈 1 樓 B
電話：(852) 2137 2338 傳真：(852) 2713 8202
電子郵件：info@chunghwabook.com.hk
網址：http://www.chunghwabook.com.hk

發行
香港聯合書刊物流有限公司
香港新界荃灣德士古道 220-248 號 荃灣工業中心 16 樓
電話：(852) 2150 2100 傳真：(852) 2407 3062
電子郵件：info@suplogistics.com.hk

印刷
美雅印刷製本有限公司
香港觀塘榮業街 6 號海濱工業大廈 4 字樓 A 室

版次
2021 年 3 月第 1 版第 1 次印刷

規格
16 開 (230mm x 170mm)

ISBN
978-988-8676-76-7